知识的大苹果　小苹果丛书
Les Éditions Le Pommier

我们到底会不会缺水

Allons-nous manqué d'eau?

[法] 瓦茨冈·安德烈阿西昂　让·马尔佳 著

华淼 译

上海科学技术文献出版社
Shanghai Scientific and Technological Literature Press

目 录

我为什么想咬苹果

苹果核心

研究前景

身处其中的我们呢

结论

专业用语汇编

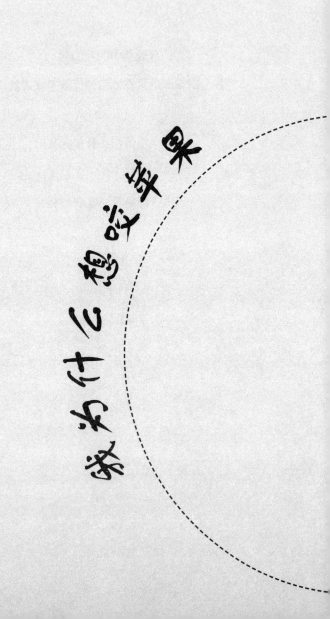

果子吃完想办法

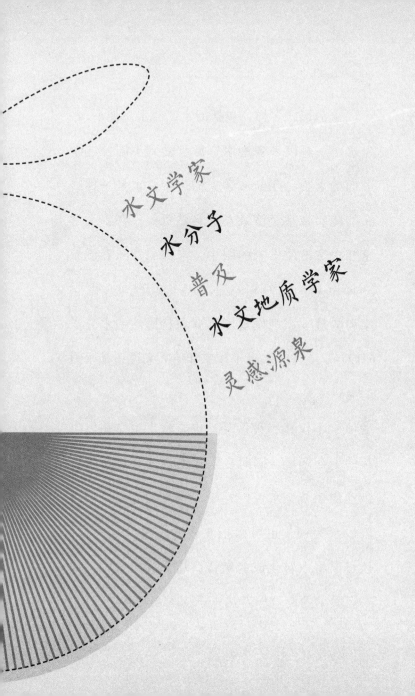

水文学家

水分子

普及

水文地质学家

灵感源泉

　　水的形式多样，包括河水、江水、地下水、泉水，一直以来各种水资源都受到不同领域学者们的重视：在经济学家的眼中，水是一种潜在的能够带来经济效益的自然资源；在水文学家和水文地质学家的眼中，水资源意味着流域（bassin versant）和含水层（aquifère）；化学家和物理学家则发现了具有独特属性的水分子（H_2O）。此外，水对于作家和诗人来说还是永恒的灵感源泉。

　　水不仅是一种饮品，也是水生生命赖以生存的生存环境，同时也是人们游泳和进行水上运动的场所。水可以补给泉水和河流。人们可以以水为镜，也可以把水作为一种防御手段，还可以将水转化成能量让磨坊和涡轮机转动起来。本书的两位作者热衷于探索水的各个方面。

他们研究过水的各种功能：水可以用来解渴、润湿、溶解、调配、洗漱，可以让鱼儿在水中游弋、让东西漂浮起来、还可以让船只在水中航行。人们可以用水烹饪、加热、浇灌、灭火。温泉可以供人疗养，水和颜料相调和成了水彩画。水既可以淹没一切，也可以让阿基米德发现阿基米德定律，让那喀索斯临水自照时爱上自己。水拯救了摩西，却淹死了奥菲利亚……由此可见，水对我们来说是多么的重要，因此我们更应该用这本书来提醒人们：我们有可能会面临缺水的危机。

水文学家和水文地质学家侧重利用水循环的知识建立量化模型，并根据预估的使用情况，尽可能准确地量化水流量以及可使用水资源的储量。同时他们也必须向大众普及这些知识和数据，因为水资源和我们息息相关。这还可以帮助我们正确地来看待一些传媒信息，因为我们所接触到的信息有的时候太过简化，有的时候又被夸大了，还有的时候根本就是错误的。事实上，尽管只有部分地域出现了水资源问题，但其影响却是全球性的，所以区域性的解决方案也可以是适用于全球的良方。

本书面向的读者并不是科学工作者，因此作者希望本书可以简单易懂，但是又不会过于简单。我们可以引用阿尔伯特·爱因斯坦的话：**一切都应该尽可能地简单，但是不能过于简单。**

那么本书的作者到底是谁呢？

1924 年，让·马尔佳（Jean Margat）出生于巴黎，同年让·雷诺阿（Jean Renoir）导

演了《水中姑娘》(*La Fille de l'eau*)，电影
讲述了一个女孩儿的悲惨经历，她的父亲是个
船员，在一次事故中不幸溺水身亡。也是在这
一年，塞纳河爆发了洪水，受灾程度与1910
年基本持平，阿维尼翁（Avignon）和奥朗日
（Orange）都被洪水淹没。在研究了南锡地区默
尔特（Meurte）河岸的地质之后，身为青年水
文地质学家的让·马尔佳又出发去摩洛哥从事
研究工作。这些经历促进了他后来和联合国粮
食及农业组织（FAO）以及联合国教科文组织
（Unesco）合作研究干旱地区。1962年，当他
回到法国的时候，易北河（Elbe）的河水淹没
了汉堡，而此时法国的西南部地区却遭受着旱
灾的侵袭。此后的很多年他都任职于法国地质
矿产调查局（BRGM），在此期间他完成了法国

的水文图。此外，他还参与撰写了世界地下水和水资源概要。

我们的另一位作者，瓦茨冈·安德烈阿西昂（Vazken Andréassian）在 1969 年出生于巴黎。尼尔·阿姆斯特朗在这一年登上了月球（在月球上并没有发现水）。同年卡米尔飓风席卷了弗吉尼亚，对于当时的灾情甚至有过这样的描述：暴风雨"来势凶猛以至于小鸟都无法逃走，淹死在自己的巢穴中"。瓦茨冈先后在国家农业研究院（Institut national agronomique）、国立水利森林学院（Ecole nationale des eaux et forêts）以及亚利桑那大学（Université d'Arizona）学习。1995 年，布列塔尼和法国北部地区发生了严重的洪涝灾害；也是在这一年，他进入了法国国家农业和环境研究中心（Cemagref）开始致力于洪峰流量的建模。2014 年，当我们在撰写这本书的时候，他一直任职于该研究中心，但是洪水却并没有因此有所中断。

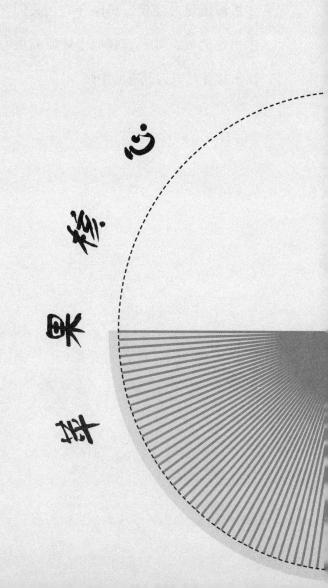

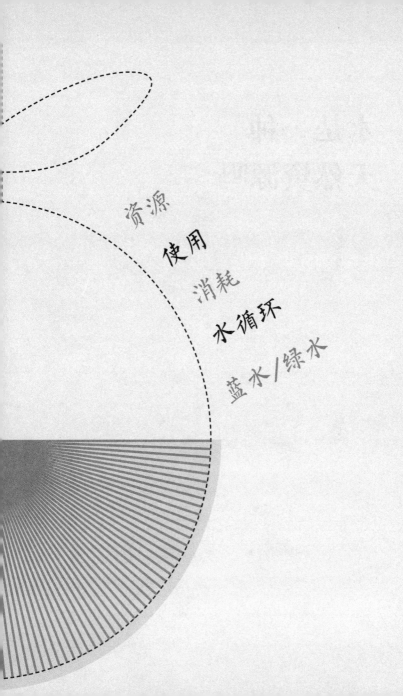

资源

使用

消耗

水循环

蓝水/绿水

水是一种
天然资源吗

评估自然资源需要事先考虑这些资源的本质。那么水除了是一种可再生的资源以外，还是什么呢？

什么是资源?

根据词源学,水是一种典型的"资源":"资源"(ressource)一词源自于"resourdre",形容水飞溅(rejaillir)。人们之所以将这些自然界的水视作一种资源,显然是从实用主义的角度考量的,同样地,安全感又让人们对水资源产生了危机意识。

无论它的词源如何,"资源"长期以来都被认为是创造财富的手段:水资源的概念是在二十世纪初才在西方出现的。当时的人们意识到水资源非常稀少,而且我们有可能会面临缺水,于是人们觉得有必要对自然界中的水资源进行详细精确的评估,从而最优化地进行管理。既然要"管理"就会涉及对水的提取、储存和

运输这些基础过程：为了设计水利，我们必须
尽可能准确地来估算大自然能够提供的水量，
还要考虑到它们所处的地区，以及它们可能发
生的变化。这正是水文学家和水文地质学家所
肩负的重任。通常来说水文学家更普遍侧重于
地表水的研究，地表水指的是那些湖泊中的静
态水以及在河流中流动的动态水。而水文地质
学家则专门研究地下水。经过水文学家和水文
地质学家的测量，以及经济学家的评估之后，
人们就可以恰到好处地对水资源进行使用了。

水和其他的矿物原料一样也是一种原料吗？

虽然"资源"这个词是一个实用主义的概
念，但是我们必须明白，水和其他的矿物原料（例

如煤炭和矿石）显然是不同的：

1. 一方面，水资源（大部分）是可循环的。因为有天然的水循环过程：海洋（和陆地）的水蒸发成为空气中的水蒸气并形成云，然后通过降雨回到陆地上，同时也供给了河流和地下水，最后这些水又回到大海中。

2. 另一方面，水在自然界中起到了许多不同的作用，而这些作用之间是不可分割的。因此人们不能认为水只是一种供人们提取的、没有生命的原材料：在自然界中，水不仅可以供人们使用（例如水可以就地使用，在后面的文章中我们对此还会有所提及），还是各种水生物种赖以生存的生活环境。

3. 此外，和矿石不同，水是不可替代的，这是它的特性（水对于地球表面上的一切生命来说都是不可或缺的）。

4. 将海水进行脱盐处理后可以产生淡水，并且是取之不尽用之不竭的。

5. 最后，水是唯一一种在开采后，它的使用还可以反作用于自然的原料：在自然界有很大一部分被提取的水在使用后是可以回归大自然的（不过其品质会有所改变：例如化学成分和温度会发生变化）。因此自然界的水资源有再生的能力，它能够让循环回来的、使用过的水恢复再生。

这五个原因证实了水不应该被看做是一种单纯的矿物资源，水（和对水资源的评估）的地位是非同一般的。

水：一种基本上可再生的资源

水资源有一个非常有趣的特性："可再生"。

千百年来流水淙淙，在未来的千万年它也将继续奔流，连绵不绝。原因很简单：江河是靠雨水补给的。在年复一年的变迁中，虽然雨水量或多或少会发生改变，但是雨水最终还是会回到江河中去。相对规律的气候确保了江河中水流的循环再生，因为河水本身就是一种可再生资源。同时雨水也可以渗入地下补给地下水。然而地下水并不是静止不动的，它也是流动的，它会从含水层流向江河湖海。每年渗透水又会或多或少地回灌地下的含水层，从而更替其中的储存水：因此地下水资源也是一种可再生的资源。

也就是说地下水和地表水经常会得到新的补给：即使水流变迁的速度变化很大，地下水和地表水依然是活水。打个比方，江河中的水是在一个窄道里快速地流动，而地下水则是在含水层这条宽阔的道路（"水的搬运工"）上缓慢地流淌。

但是水资源可再生的这个特点会影响对它的评估方式：当我们评估水资源的流量（flux）时（指江河或者地下含水层的体积流量débit），我们一般用 m^3/s 来表示（指单位时间内的水流量）。但是这个流量是可以随着季节的改变而变化的，为了回避这个问题，我们会用江河的**径流模数**来表示这个"天然的"资源，径流模数就是长年累月计算出来的平均流量。因此如果江河的流量是恒定的，那么任何时候在河床里流动的流量就形成了模数。当然一条河流的径流模数还要考虑到河流所处的地理位置：卢瓦尔河在奥尔良的模数是 $360m^3/s$，在河口附近的模数是 $850m^3/s$。**在法国，罗讷河是水量最丰富的河流**：罗讷河在博凯尔的模数达到了 $1\ 700m^3/s$，这是在流入三角洲之前的流量。全球江河的径流模数变化非常大：世界最高纪录的持有者是亚马孙河，其模数达到了 110 000m³/s；而许多小河的流量则小于1m³/s，而且这个数据还不是恒定不变的。

地下水的平均流量根据面积和回灌的不同也会有很大的差异。在法国，地下水最丰富的地区平均每年可以流动超过十亿立方米，例如阿尔图瓦和庇卡底的白垩系含水层、阿尔萨斯的含水层、阿基坦荒原的沙质含水层、汝拉高原和喀斯高原的含水层等等。但是我们要注意：这些地下水流绝大部分是要和地表水汇合的，所以地下水并不是额外的资源。

此外，我们还必须要注意的是有的时候它还是几千年甚至是几万年以前的地下水，因为它的流动循环非常缓慢以至于人们不可察觉，但是这是极少数的情况。这些含水层是一种可用资源，它和石油煤炭一样，在使用过后是不可再生的：我们所说的正是"化石水资源"（ressource en eau fossile），它是类似于煤矿的存在，煤矿是由植物化石形成的。在评估这些化石含水层时，我们会使用体积作为单位（m³），石油就是用体积作为单位的，我们不会用流量来进行估算。对于化石含水层的开采也和碳氢化合物的开采相似：这就是我们所说的地下水的开采（只有在很少数的国家有大量的地下水，主要是沙特阿拉伯、阿尔及利亚和利比亚）。

流动的水是资源，还是储存水是资源？

可再生水资源表现为流动的水，与其并存

的还有湖泊中以及某些地质层天然储存的淡水储备，以及水坝中的人工储存水。我们有的时候将这些蓄水（stocks）称为储藏（réserve）。重要的是我们不能把可再生资源和储藏混淆了。当然，和法语一样，在许多的外语中，储藏（réserve）和资源（ressource）这两个词是同一个概念。但是，如果我们提到的是矿石和碳氢化合物，那么"资源"和"储藏"是相近的概念；如果涉及水，那么这两个概念就不一样了。即使我们在提取淡水的储备时可以避免自然的流量变化，我们也不能用同样的方式来计算淡水的储备。

流水和蓄水的区别对于水资源的可持续管理是非常重要的。我们可以用这两者的区别来解释那些看上去不合常理的情况，**例如拥有丰富储藏**

水的国家在可再生资源方面却相对匮乏，反之亦然。我们可以用一个经济学的例子来解释这个现象：如果一个人月收入 1 000 欧，并且继承了一栋价值一千万欧元的城堡，那么我们可以称之为富人；如果一个人没有任何的继承，但是他月收入 10 000 欧，我们也可以称之为富人。这两种类型的富有是无法进行比较的：第一种情况中，个体拥有大量的资金储备，但是每个月资金流入却很少；而在第二种情况中，个体虽然没有资金储备但是却有很高的资金流入。

延伸到水资源来看，地下水就是典型的第一种情况：小量或中等的流入，但是有着丰富的储备。那么地表水就是第二种情况：中等或大量的流入，但是没有任何的储备。大型的天然湖泊也有这种区别。日内瓦湖拥有 89 立方千米的储存量，然而流经日内瓦湖的罗讷河每年只有 8 立方千米的循环流量：也就是说流量只是储量的十一分之一，换句话说，罗讷河需要用十一年的时间才可以更替日内瓦湖的湖水。博登湖拥有 48 立方千米的储存量，然而流经博登湖的莱茵河每年只有 12 立方千米的循环流量，也就是说流量只是储量的四分之一。最后，贝加尔湖（在所有淡水湖中其储水量是最大的）的储存量是 23 000 立方千米，然而流经贝加尔湖的安加拉河每年只有 66 立方千米的循环流量，即流量只是储量的三百五十分之一。

水资源是多变的

水流的多变性是限制自然水使用的一个主要因素。我们可以总结出三种变化的情况：长

期的变化（跨年的），季节性的变化，以及短期

的变化。为了阐释水资源跨年间的变化，我们

在下面列出了一张图表：

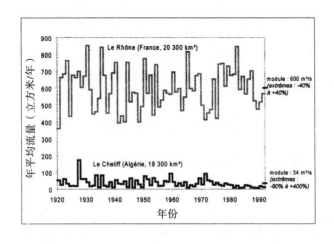

　　图中的两条河流分别是法国圣克莱尔区的

罗讷河，和阿尔及利亚的契立夫河，图中显示

的是流量的跨年变化，这两条河流的蓄水面积

是相同的。

　　这张图表向我们展示了两条河流的体积流

量在每年的起伏波动，这两条河的流域面积相等，但是气候环境却大相径庭：罗讷河处于山地，气候温和，因此在气候方面的变化不大、相对稳定，然而契立夫河处于半干旱地带，气候条件多样、变化无常。

水流的自然变化使得可使用资源量每一年都在发生变化，以至于当水的使用者们还没有用水坝来储水的时候，几乎每年只能使用"担保"的水量，也就是说我们能够确保的是在四年中有三年（75%的时间）或者十年中有九年（90%的时间），我们可以有水使用……如果我们将75%的时间内的担保资源确定为一个极限，那么我们只能使用契立夫河径流模数的50%（也就是17立方米/秒），相对而言，我们可以使用罗讷河径流模数的80%（也就是490立方米/秒）。由此我们可以发现，当我们在计算平均流量或者径流模数时，不能只使用一个模数，因为这样评估出来的可使用资源是不准确的。只有在评估几条蓄水量非常丰富的河流的时候，我们才可以考虑几乎全部使用径流模数。水坝和水库的储存量完全可以用来调节河流流量。在这些河流中有美国的科罗拉多河，我们发现胡佛水库和格伦峡谷可以储存其将近四年半的平均流量，也就是 680 亿立方米。此外还有尼罗河，**阿斯旺水坝可以储纳 1 640 亿立方米的流量，将近尼罗河在当地的年平均流量的两倍**，根据评估数据，尼罗河在当地的模数是 840 亿立方米。但是这种调节也有我们不容忽视的代价：因为蒸发会损失掉大量水分。以阿斯旺水坝为例，其流失的水量高达 100 亿立方米 / 年，也就是模数的 12%。

但是我们要在这里再强调一次：当我们在评估一条河流的水资源时，不应该把河流的流量和大量的储备加起来（地下水也是一样）：因为它们并不是附加的资源（蓄水是通过流量进行补给的，而流量是可循环的）。在干旱的年份，当人们开采水资源时，这些储备可以减少气候造成的蒸发所带来的影响，但是这些储备必须在更为湿润的年份得到恢复。

地表水资源的季节性变化和河流的"水情"（régime）有关。即使在相对小的国家，例如在法国，我们也会发现有许多不同的水情，冰川区水情多变（水流的流动主要集中在夏季的两个月），海洋性多雨区的水情则相对稳定。下面的这张图表是以巴黎地区的塞纳河段为例，向我们展现了其体积流量在若干年间发生的变化。

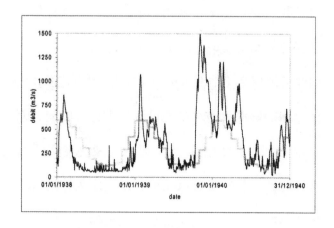

**巴黎地区塞纳河段的月体积流量十分多变：
实线代表了实际观测到的月体积流量，灰线代表
了三十年间人们测算的月体积流量。**

图中的**粗曲线**来表示水情，我们将其与前文
中提到的年际间的季节性表现（水情）做比较。通
过仔细观察月平均值和观测值之间的差距，我们很
容易发现：可使用的流量会根据我们是否拥有水库
而有很大的不同。

从水资源的角度来看，当一条河的流量非常多变时，如果想把这些流量变成可用资源，我们很容易就想到要建造一个大容量的水库，这样当自然补给突然中断时，水库中的蓄水可以减弱其带来的影响。当遇到罕见的大流量时（洪峰），如果流量超过了水库的容量，那么人们就不能简单地使用这些流量（因为这些流量足以引起洪水，而洪水对人们来说意味着危险）。

自然界的所有淡水都是一种资源吗？

我们用年平均流量来表示一条河的流动量，人们认为所有的流量都是可开采的，人们可以在任何时刻汲水来满足自己的需求。这有可能是一种伪乐观的观点，因为在开采水资源的过程中还存在一些自然极限。其中一个主要的限制因素就是上文提及的水资源在年际间和年内的多变性。**同时我们还必须考虑到另一个事实，那就是水还有其他的使用者!** 自然水生生态系统是许多不同物种赖以生存的环境。所以在测定资源中可以被使用的部分时，我们尤其应该为自然水生生态系统考虑，给自然界留出一定的保留流量（débit réservé）。此外，我们还必须承认并不是自然界中所有的水都是一种资源。只有当人们（从技术上，经济上，和生态上）可能控制和提取流量时，它才可以变成一种资源。此水流的总体和实际可用的资源是不同的，这不光取决于现有的水电站（以水库大坝为主），同时还取决于人类的需求（包括就地提取和使用的需求）和自然界需求之间的合理分配。不幸的是，在今天公布的许多评估中，人们一般会认为所有的陆地淡水都是水资源：这种研究方式把水的自然循环功能简化为人类的"资源提供者"，这是一种极端的人类中心论观点。所以最明智的做法有可能是人们放弃一切对"自然"水资源的参照标准，同时承认：从物理角度来看，大自然可以承受提取、使用水以后再回归自然这一过程，同时使用者在经济方面表示可以接受，那么这种情况下的水可以被认为是水资源。

我们要怎样使用水

在我们的生活中，各个领域都需要使用水：工业、农业、饮用水网，还有航海、钓鱼……因此人类是水的一大消费者。但是人类到底是消费者还是使用者呢？

在自然资源中，水有着独一无二的特点：使用它并不意味着会毁掉它。充其量只不过是改变了它的性状（液体变成了蒸汽），一般来说我们只是改变了它的化学纯（pureté chimique），我们永远不会毁掉它。我们只是让它以另一种形式回归到自然循环中去，我们需要花或多或少的时间来恢复它。这和煤炭不同，煤炭一旦燃烧以后就会变成灰烬和二氧化碳，此后只有经过千百万年的作用，它才可以重新变成煤炭。

水的使用

我们必须区分以下两种使用方式：

● 就地使用（utilisation in situ）是指在水的所在地进行的一切使用活动，例如在河流中或者在湖泊中，人们的使用并没有让水离开这

个环境，也没有把它提取出来：例如航海、钓鱼、
洗澡等，也包括将水转换成机械能（磨坊）或
者电能（沿水进行水力发电的工厂）。

● 移地使用（utilisation ex situ）需要通过
提取水，让它脱离自然循环。在这一章中，我
们主要侧重于移地使用，在下面的图表中我们
总结了移地使用的几大步骤：被提取出的水在
经过了移动、分配后被使用。一部分的水蒸发
成了水蒸气，一部分被恢复成自然界中的液体
状态（因此这些被恢复的水有可能被再次使用，
除非这些水被排到海中）。

我们注意到在官方的统计数据中，就地使
用很少被量化出来。这很容易出错，因为在水
资源匮乏的时期，两种使用方式相互竞争（即
使航海的确不会消耗水，但是为了保持低水位

河道可以通航，在较高水位处就不能消耗掉低水位的水：因此航海需要有保留流量）。

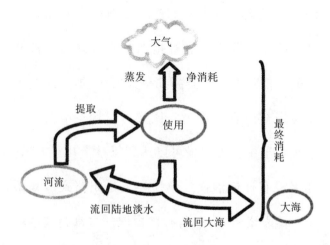

移地使用淡水的几大步骤。

不要混淆提取和消耗

关于水的移地使用的可用数据中主要针对这两个方面：提取、消耗。消耗指的是使用后不能恢复的水。我们必须要好好区分这两个概念，被提取的水是可以被循环的：在某些情况中，提取量和消耗量有着很大的不同。最有说服力的例子是火力发电站的冷却系统。在开路式冷却系统中，几乎所有被提取的水都是可以被恢复的（但是温度会升高几摄氏度）：所以这些水是可以被重新使用的，比如可以用于灌溉。在这种情况中，提取量可以达到每秒十几立方米，几乎没有任何消耗。但是如果是闭路式冷却系统（蒸发塔），几乎所有被提取的水都会被消耗掉。但是也因此提取量会相对少很多。归根到底，如果要统计某个流域的现状，相比提取，我们更应该了解的是消耗。

这种区别看上去尤为重要，尤其是沿海地区（因为淡水作为一种资源，是和我们息息相关的）：如果被提取的淡水中没有被消耗掉的部分最后直接汇入大海，那么当然不会再有任何重新使用的可能。考虑到这一点，我们必须引入"最终消耗"（consommation finale）这个概念，这和净消耗的概念是不同的。我们以迪朗斯河（Durance）为例，被提取用来水力发电的迪朗斯河水最终被排入贝尔湖（étang de Berre）中最后汇入大海：在这个案例中，没有任何的净消耗，所以最终消耗是100%。所有沿海城市对使用后废水的处理都是一样的，他们会把这些废水排入海中。

四个主要的移地使用领域

通常来说，与提取相关的统计主要涉及以下四个使用领域：集体、工业、农业和火力发电站。

● 集体使用主要涉及家庭和工作场所的饮用水供给。同时还包括一部分比较多变的需求，例如一些小工业部门，以及连接到公共配水网络的服务活动；

● 工业使用指的是所有工业部门所必需的给水，他们可以自行保障其工业活动所必需的给水；

● 农业使用是用来满足农业需求的：农作物的灌溉，畜牧业需求以及水产养殖需求；

● 火力发电站使用水来冷却产生电能的反应器（传统反应器和核反应堆）。

在全世界统计出来的可用数据中，最主要的数据都是用来移地使用的提取量。但是，有的时候某些国家的统计部门也会补充一些就地使用的数据：水库蒸发、废水稀释、水生生态系统的需求、人工造林的消耗……

我们总共使用了多少水？

为了可以创建一本账目来清算一个国家在一年内使用的水量，我们有两个选择，或者用绝对价值来表示（用十亿立方米作为单位符号，或者用立方千米），或者用与居民数量相关的表示方式：每位居民多少立方米（注意，涉及的并不只是家庭用水，还有和居民人数有关的一切领域的使用情况）。为了表现出全球范围内各种各样的情况，我们在这里对八个不同国家的使用情况进行了比较：我们研究了两个发达国家代表（法国和美国），一个阿拉伯国家（埃及），一个以居民个体用水量居世界之首的中亚国家（土库曼斯坦），一个撒哈拉沙漠南部地区

的非洲国家（布基纳法索）还有三个大国（中国、
印度和巴西）。

国家	参考年份	使用（提取）（立方千米/年）	计算的净消耗（立方千米/年）	总人口（百万居民，2011年）
法国	2009	33	4	66
美国	2005	478	149	325
埃及	2000	68	52	83
布基纳法索	2000	0.98	0.4	17
土库曼斯坦	2000	25	19	5
中国	2000	554	289	1 367
印度	2010	761	554	1 250
巴西	2011	58	22	200
世界	2005	3 942	2 051	7 084

图表一：八国的水使用和消耗情况

来源：联合国粮食和农业组织（FAO）的
Aquastat 数据库，人口数据来自联合国。

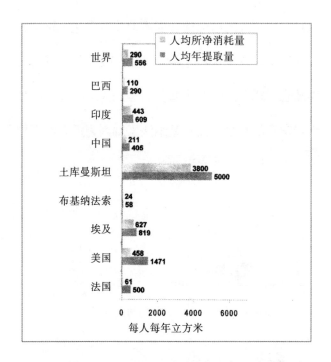

图表二：八国居民对水的使用和消耗情况

两张图表清楚地表明了水资源的使用和国家的发展水平是没有关系的。法国和美国之间的差异是非常明显的：在美国，每位居民的提取量是法国的三倍，净消耗量是法国的五倍。这种差异的主要原因是美国干旱的西部地区灌溉业非常发达，正是大量的灌溉导致了这种差距(参见下文的图表)。**同样，灌溉也解释了为什么土库曼斯坦的人均提取量会处于异常高的水平，而布基纳法索则因为没有灌溉导致其人均提取量的水平非常低。**

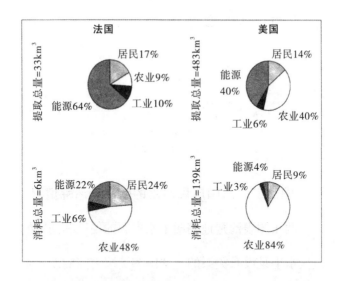

这是在法美两国，水的净消耗在每个领域的分布情况（ 参考年份：2005 年； 来源：水务

署和美国地质勘探局 USGS)。

埃及的灌溉业十分发达,因此它的人均提取和消耗水平非常接近美国。中国介于埃及和美国之间,因为中国既包含了灌溉量巨大的华南地区也包含了以雨养农业（agriculture pluviale）为主的华北地区。

从全球来看,因为各国情况各不相同,所以各国之间的人均提取水平差异也并没有什么意义。但是净消耗和提取的比率达到了52%（法国为18%）,这恰恰表明了全世界在水的使用方面,灌溉业占据了很大的比重。

上面的图表详细地向我们展示了法美两国在提取和净消耗之间的不同。首先从图表中我们可以发现农业占据了非常重要的比重:在法国,农业的消耗甚至占了将近全国总消耗的一半。同时这张图表也提醒我们注意在能源领域中提取和消耗的巨大差异，例如火力发电站的冷却系统对水的需求。最后，需要着重指出的是，与我们的固有想法不同，工业在提取和消耗这两方面所占据的比重都很小。但是，如果我们评估工业的影响只局限于消耗方面，是不恰当的：因为工业的废弃污染物在某些情况下能够污染更为广阔的水域。

水资源的统计

在这里我们简单地总结一下在统计水资源时需要避免的一些主要错误。

法国人有句俗语叫做"亲兄弟，明算账"。英国人也有一句类似的俗语。其实他们的想法是一样的：为了不要出错（也避免冲突），在数字方面算清楚很重要，这样才可以划分清楚水资源的所有权。

但是在水资源方面要得出准确的数字是比较困难的，尽管如此有一些粗略的错误还是可以避免的，只要我们对用词多加小心，只要我们不掉进双重计数（double compte）的陷阱中。我们在估算水资源时遇到的主要问题之一就是双重计数的可能（地表水和地下水，总资源和国内资源，消耗和提取）。

● 不要将地表水和地下水相加：如果将地下水和地表水分开计算的话，那么就不会有所重叠。如果将两者相加的话，就有可能会导致水资源数据的虚高；

● 不能混淆资源和储藏：石油资源或者煤炭资源被归类为可开采的独一无二的储存，而水资源的特点是每年被开采的流量（基本上很规律）会得到恢复。"资源"必须被用于表示流量，而"储藏"则表示储存。当我们在谈论水的时候，可能会将这两个概念混淆，因为流动的水和储存的水是共存的：尤其是涉及大型的湖泊和地下水时。流动的水是可持续使用的；而储存的水只有在困难时期才可以被使用，例如干旱期。**但是无论在什么样的情况下，任何储存都不能等同于补充资源，因为它不是可持续的；**

● 不能混淆"绿水"和"蓝水"：只有很小一部分的雨水会变成水流，另一部分会从地面蒸发掉，或者被植物就地吸收掉。这部分供给植物（也可能供给人类）的水从来没有经历过可提取的状态，被称为"绿水"，必须和"蓝水"有所区别，蓝水指的是人们可以从河流或者地下水中开采的水。如果在统计水资源时将绿水和蓝水混为一谈的话那是非常危险的，因为这有可能会导致人们幻想在某个地方还有补充资源，幻想着绿水总是可以转换成蓝水变成补充资源。然而事实并非如此；

● 不能混淆长期的平均值和假定的某一年的数值：水的使用受到限制的一个主要原因是流量的多变性。这种多变性有一部分是长期的（年际间的），有一部分是季节性的，还有一部分是短期的。与其他地区相比，地球上的某些地区的气候更为多变，而且全球只有几条河流的蓄水是真正过剩，在这些流域的人们可以考虑长期使用几乎所有的平均流量；因此水库的储备量必须能够完全调节河流的排出量。在这些河流中有美国的科罗拉多河，胡佛水坝和葛兰峡谷大坝可以储蓄其将近四年半的平均流量，也就是680亿立方米。此外还有尼罗河，阿斯旺水坝可以储蓄1 640亿立方米的水量，尼罗河在埃及入口处的年平均流量可以达到840亿立方米，这意味着阿斯旺水坝的储量接近尼罗河平均流量的两倍；

- 我们不能忘了计算"天使的一份"：干邑的传统陈化过程是在橡木桶中完成的，其中有一部分珍贵的酒精是通过橡木桶蒸发掉的。这些存放桶装酒的酒库主人认为蒸发掉的酒是为了让干邑成熟所必须要付出的代价，因此他们习惯性地将这部分损失称为"天使的一份"（la part des anges）。当我们试图将河水储存到水库中时，就会损失掉一部分水，为了形容这部分损失掉的水，我们也可以使用"天使的一份"这个比喻。**为了储存水，我们值得损失一部分水作为代价！**因此为了调节尼罗河的流量，纳赛尔湖一般会损失掉总平均流量的12%（蒸发掉的这部分是可以预见的，而设计师早就在设计水坝时就已经预料到了，并且在1959年埃及和苏丹两国之间签约共享尼罗河水时也考虑到了蒸发这一点）。当然尼罗河的例子是一个极端的例子，因为人们选择将水储存在了地球上最热的沙漠之一，当然会蒸发掉更多的水。全球范围内，储水会蒸发掉的水量达到了每年230立方千米，也就是说比法国所有河流的年平均流量还要更多！

● 不能混淆总资源和国内资源：当直接计算世界流域的资源时，人们必须要区分总资源和国内资源，否则就有可能会双重计数。在计算邻国的资源数据时，我们必须坚持进行数次平行计算以避免将相同的水计算两次；

● 不能混淆消耗和提取的数据：对于石化资源和可再生能源来说，提取和消耗之间并没有什么不同。这种不同只属于水资源，因为被提取的水中有很大一部分会回归自然。这些被提取后又被排出的水在后期可以被重新提取，因此提取量可能会高于总资源，这些并不是被消耗掉的水。人们认为在经过第一次提取之后，恢复的水是可以被重新使用的，这些被称为"二次资源"。二次资源使得提取总量有可能会超过河流所能提供的资源量（可以参考埃及的例子）；

● 不能混淆对水的需要和要求：当我们试着为将来做打算时，我们有可能需要考虑，在未来的日子里，水的使用会不会无限上升？或者相反，我们要考虑限制供给，并且必须平衡供求关系。在以前，大型水利的发起人往往会倾向于夸大人们对水的需要的增长趋势，这样做只是为了向政治决策人施压。因此，人们要考虑的预测很明显是关于人们对水的需要！为了替工程师辩护，我们不得不承认人们在未来对水的要求是非常难预测的；

● 不能混淆就地使用和移地使用：我们在大自然中也可以使用水，确切地来说，这些使用并不会造成水的损耗（例如航海、钓鱼、休闲娱乐、水力发电等），但是在这样使用水的时候，我们需要预留一部分天然水。因此在统计水资源时，如果我们只局限于其中某一种使用情况的话，例如只统计提取的情况，就有可能会产生误差；

● 此外，我们还不能忘了，人类并不是唯一生存在地球上的生物：水还有其他的使用者！天然的水生生态系统是各种不同物种赖以生存的环境。因此人们更应该测算出在这个环境中可以供人们使用的资源量。同时我们还要为自然界保留一部分的流量，在法语中将其称为"保留流量"（débit réservé），而在英语中则称为"环境流"（environmental flows）。

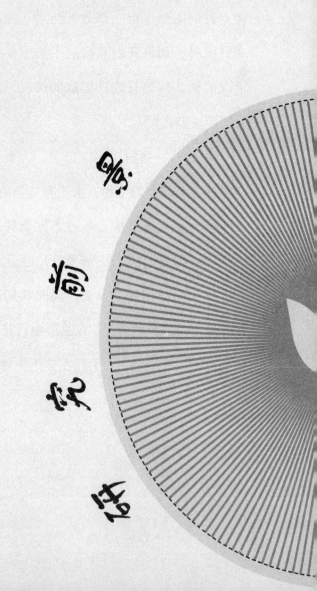

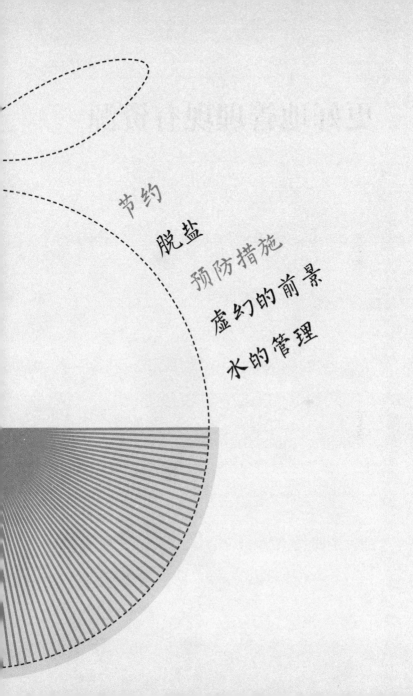

节约

脱盐

预防措施

虚幻的前景

水的管理

更好地管理现有资源

如果我们必须要借助科学技术来摆脱缺水困扰的话，首先我们需要利用科学技术更好地管理现有资源。对此有几种方法可以供我们选择。

用更经济的方式来管理水的使用

通过减少运输网和水分配过程中的浪费情况，可以为我们节省非常可观的水量。当然能节约多少会根据国家的不同和使用领域的不同而有所不同。在法国饮用水供给网流失掉的水量估计平均可以达到25%，有些地区甚至高达40%。当然如此之高的数据是根据分配网的大小相对而言的：而分配网有 850 000 千米之长！因此想要发现并消除水的流失并不是一件易事。

对于水流失的检测，我们也并没有什么妙招：我们必须经常监测运输网中转运的水量，借此来判断是否存在泄露，是否有无法解释的水压骤降的情况。为了可以很快地作出判断，并减少检测延迟的情况，我们可以采取以下两个措施：将运输网按地区进行划分和遥测。一旦确认出现了泄露，我们还需要准确地确定出泄露的位置：这时候我们就可以使用声学技术。

尽管我们有必要找到泄露的地方并进行修缮，但是如果我们寄希望于消除所有泄露显然是不切实际的：所以我们可以通过调整水运网的夜间压力来控制已经存在的泄露情况。最后，我们必须优先有效地规划并更新管道（总之，从以前保留下来的饮用水供应设施中有80%是管道系统）。这些管道已经为人们服务了很久，有些安装了150年之久的管道甚至到现在还可以继续正常工作！相反，有一些区段的管道由于种种问题而显得很脆弱：材料质量、铺设条件、环境、水源和水质问题；我们必须及早地发现这些有问题的管道并替换新的管道。

　　法国的新法律条文（新环保法案 *Grenelle II*
第 161 条）规定市镇必须更多关注饮用水网中水
流失这一问题：如果流失的比率不能低于规定限
值的话，那么就要向水务局支付双倍的费用。但
是最后我们还必须要提一提水循环的复杂性，虽
然水循环本身就有点自相矛盾：流失并不总是意
味着水的损失，当这些流失的水重新回到水文循
环中时，从理论上来讲，它们是可以重新被使用
的。例如拉克罗平原（由迪朗斯河给水）上的运
河水流失情况很严重，但是这些流失掉的水补给
了拉克罗的含水层，有一些市镇的用水就是从拉
克罗的含水层中泵送的。

　　另一种节约水的方法就是减少使用者处的水
流失，以及未被使用的水量（通常节约量可以达
到 10%~20%）。因此，价格是一个决定性的因素

（价格和消费者直接相关）。在工业领域，我们要加强回收利用以实现节约用水，其目标是减少净化水的成本。

最后，灌溉效率的提高也是节约用水的一个主要途径，而且这是适用于全球的一个方法：我们只需要将用于农业的水量减少大概 10% 就可以让饮用水的供水量翻倍！很多年以来，我们一直致力于发展灌溉技术来提高灌溉效率（更为经济实用的洒水、滴灌式灌溉方式已经逐步替代了自流灌溉，自流灌溉是利用水的重力让它自流淹没田野的灌溉方式）。今天，人们会尽力重新利用城市废水来灌溉（例如在法国的利马涅平原），来自灌溉地区的排放水也是一样，人们会重新利用起来（例如在埃及）。

为了用更有效的方法来管理水流，我们需要更好地预测天然流量

既然要优化使用水资源，那么预测就变成了一个重要的环节：短期预测涨水时的流量，长期预测平均流量和最低水位（低潮），这些预测可以帮助我们预测何时放水。**如果河水足够满足人们的需求，那么即使将水坝中的水放出来也没什么用。如果雨水充足的话也不需要进行灌溉。**

如果能够更好地预测雨水也可以为我们节约很多水，因为对雨水的预测会影响对流量的预测。而我们主要依靠的是一些模型（有些情况下用气象学模型，有些情况下用水文模型），这些模型可以提高对各种现象的可预测性。

相对于物理运输，优先选择虚拟运输

人们希望通过建立水资源世界市场来实现全世界共享水资源的梦想，但是这就好像想要全球共享石油资源一样是一个不可能实现的空想，因为长途运输的成本在飞快增长——尤其对于水的主要用途灌溉来说，其运输成本更是涨势迅猛——而且如此重要的财富需要依赖于他国，当局对此也一直有所保留。更不用说现在大部分的使用水并不是购买来的，因为大多数的使用者都是自给自足的（很多农业生产者和工业生产者都是用泵从井里抽水使用的：他们不需要购买水）。

事实上，在水资源丰富的国家包括多雨国家（不需要灌溉），在国际贸易中成为交易对象的并不是水，而是加工过的农产品：对于干旱国家来说，与其引进水来浇灌小麦还不如直接进口小麦。照此做法，人们可以说这些国家是以虚拟的方式引进水灌溉小麦。我们估算一下全世界每年虚拟交易的水量将近有 2 300 立方千米，而且这个数字还在不断上涨。

在某些地区更公平地分享资源

就像我们刚才所说的，在各个国家间运输"有形的"水是很少见的，但是在同一个国家的不同地区之间还是需要运输水的。在中国、中亚、美国、马格里布的国家、以色列，甚至在欧洲（西班牙、法国、意大利）都有这样的例子。这些运输的能源成本非常高（因为用增压泵输送需要使用能源）。

减少人类活动造成的污染影响

尽管我们很难增加资源，但是减少因为污染造成的资源破坏还是肯定可以实现的：**即使污染没有直接破坏水，但是污染会让水变得不再适用于某些用途，从这种角度来看污染还是破坏了水资源。**

各种类型的污染都牵涉其中：局部污染（工业废弃物或者净化站带来的污染）或者扩散性污染（例如冲洗农业中使用的农药或者肥料引起的污染）。在农业方面，人们使用的产品一直在发展改变，使用量也越来越少（但是所用产品的危害性却越来越高）。从基因上来看，植物已经变得更能抵抗害虫和病害，因此在种植时，有时人们可以选择是否使用农药。不幸的是，我们必须意识到，目前在全球范围内种植的大部分植物已经基因突变，对除莠剂产生了抗性（最有名的就是美国孟山都公司生产的除草剂农达 Roundup，该公司还生产了可以耐受农达的转基因种子）。因此现在有一种奇谈怪论：所有的基因实验都有可能让水污染变得更为严重。

我们仍需减少脱盐
所需的能耗成本

从很久以前开始人们就知道海水的脱盐过程，但是却不知道脱盐需要消耗很多的能量。幸运的是科技一直在进步……

当讨论如何解决缺水问题时，人们经常会提到，我们可以使用被称为"非议定的"（non conventionnelles）资源：主要指的是工厂将海水（或者咸涩的地下水）脱盐处理后得到的淡水。目前这个方法在近东、中东、马格里布地区的不同国家以及澳大利亚得到了飞速发展。在欧洲的地中海地区，在西班牙（巴塞罗那、加那利群岛），塞浦路斯和马耳他，脱盐都得到了发展。然而在法国，脱盐这个方法的使用还非常少：赛恩岛和乌阿岛有它们自己的小工厂，贝勒岛也配备了一个混合型（淡水／咸水）的饮用水处理工厂，结合了传统的淡水处理方法和反渗透脱盐法。

我们还需要注意的是，在所有这些情况中，出于成本的考量，人们进行脱盐处理的目的是为了生产饮用水：尽管最近这几年实现了很大的进步，尤其是薄膜技术的发展，但是脱盐的成本还是很高（每立方米最少大概需要 0.5 欧元），而且需要消耗很多能量（根据技术的不同，所需的能量为每立方米 3.5 ~ 18 千瓦时）。**因此如果我们从成本价上来考量的话，将海水脱盐处理后用于灌溉几乎是完全不可能实现的。**

现在，全球用得最多的两种脱盐方法是：稀释和反渗透，由于反渗透耗能低（每立方米 3.5 ~ 5 千瓦时），所以它占据了当今市场 50% 的份额。海水可以说是一种取之不尽用之不竭的资源，然而事实上脱盐的发展使得"水的问题"演变成了能源问题。对于盛产石油的国家来说这还没有构成问题，因为对于这些国家来说能源的成本很低，但是这种优势也不可能一直这样保持下去。

简单总结
一些虚幻的前景

在接下来的几年中，全世界都必须面对缺水问题，在本章中，我们会总结一些对于解决缺水问题的偏见。

安德烈·纪德在书中写过："其实一切早就已经说过了，但是因为没有人听，所以只能不断地重复。"这句格言对于良言和谬论同样适用：因此我们也希望在本章为大家列举出一些关于水资源的虚幻前景（总有一天这些虚幻的前景必然会流传开来），并让我们一起探讨它们存在的缺陷。要知道一位谨慎的读者抵得过两位读者。

还有没被开采出来的水"储藏"

媒体经常会宣称发现了埋藏着的或者仍然没有被开采出来的新水脉：有时有可能是直接汇入海洋的"地下亚马孙"，有时是海底下有可能拥有很多淡水层，或者有时预期冰山群可以解决南半球的饮水问题……记者们总是轻易地向面临着干旱威胁的人们描绘出一个虚幻的未来。

　　用一种更为实用主义的方法来看待国内数据，我们经常会发现水的使用和河流的平均流量之间有着巨大的差额。例如在法国，国内河流的总流量在有关几年间的平均值达到了每年 1 930 亿立方米。为了达到理论上每年 2 040 亿立方米（参见第 10 页 的图表）的自然资源量，我们还可以加上邻国的自然流入流量（每年 110 亿立方米）。除去法国每年提取的 350 亿立方米（并且每年消耗 60 亿立方米），似乎还有很充裕的余量供我们加大对自然流量的使用。但是这些没有被使用的水到底在哪里呢？

　　有些水源会让人们想起还未被开采的地下水……此外，有的时候人们会得出错误的资源数据，因为他们将地表水和地下水区分开来计算了，由此我们经常得出结论：地表的缺水可以用更为丰富的地下水来补偿。但是这只是一个海市蜃楼。事实上地下水本来就会补给地表水（尤其是在枯水期时，地下水会全部被用来补给地表水），因此在计算地表水和地下水的时候有很多是重复的：因此将两者相加只会导致水资源量的虚高。只有直接流入大海的地下水才可以被考虑成为补充资源；但是据我们的估算，全球汇入大海的地下水不会超过淡水流量的5%。

于是就出现了数据误差：有很多水是就地使用的，但是统计数据一般都集中于水的移地使用（的确移地使用的水是最容易量化的，因为移地使用意味着提取）。水的就地使用——既不会消耗也不会提取水——却要和移地使用直接竞争：航海、沐浴、钓鱼这些都需要保留一部分的水量才能够实现，因此这部分水就不能够"自由"地用于其他用途。国内的数据中还潜藏着其他陷阱，例如我们前面已经提到过的双重计数：**一些相邻的国家在统计水资源时，经常会把相同的水计算两遍**。这是一个不容忽视的问题，因为世界上有很多河流横穿了两国甚至多国的边境——据估计全世界的水流量中有 60% 会从处于上游的国家自然地流淌到下游国家。

现在我们来探讨一下沿海地带的水流：在这里淡水会流入大海，有的时候人们会设想所有"剩余的"淡水都可以被提取或被引流，这样就不会造成"浪费"。然而，为了避免海岸沿线咸水的侵入，即使地下淡水的水量很少，我们也需要那些流向大海的地下淡水。否则，位于沿海地带的水井迟早有一天会因为不断侵入的海水而变得不再可用。因此，地下水扮演着保护水井的角色，我们至少应该保留住最少量的能够用来保护水井的地下淡水。

最后，如果将我们的分析延伸到所有物种的话，水作为这些不同物种的生存环境，我们会发现理论上尚有富余的水量还会不断减少。于是我们也许可以得出结论：自然界中不存在未被使用的水，即使是洪水也起到了相应的生态作用，它可以让某些物种得以繁殖，例如梭鱼，梭鱼可以吃掉水中的沉积物。此外洪水还可以为一些地下水层重新给水等等。水的每一种新用途都必然会和另一种用途（人类的使用或者自然的使用）产生竞争。定居群体和游牧群体一直以来都在竞争水道，我们可以将两者进行比较：游牧群体看到的是他们可以广泛使用的流动的水道，而定居群体看到的则是未被使用的水道，他们可以占据这些水道并集中使用；人们发现了未被使用的流量，发现了生态系统，如果想要保持生态系统的平衡，就需要人们维护好那些被渴望已久的流量。

面对人口的增长以及随之而来的人们对水的需求的增加，我们却并没有可以完全随意使用的水资源，这是多么的不幸啊。无论是在陆地生态系统、水生生态系统还是在人类社会中，每一滴水都起到了作用。然而，为了满足人们的新需求，我们势必得从这些起着重要作用的水资源中减去一部分附加的水量，而这样必然会让它们所起到的作用受到影响，有些影响已经发生了，有些影响即使尚未发生，在未来也必然会发生。**这并不意味着人们不能用水了，但是我们必须要明确优先将水应用到哪些用途中，并努力避免掉人重复计数的陷阱中。**

价格管理可以帮助我们解决缺水的问题

经济学家经常认为价格政策可以用来调整供求关系，在水资源方面也不例外：人们经常会说，水价的上涨可以让人们更好地意识到水的珍贵，这样做可以督促人们节约用水。然而不幸的是，这种想法太天真了：尽管市民需要用现金付清水费，但是农业和企业大都直接在自然界中使用水，或者直接从河流、水井中引水贮备以供其"自由支配"。自给自足的这种情况向经济学家表明他们无法在价格上有所作为，因为他们不需要为这些水付费，即使引水时需要花费一点成本。

抗旱植物可以储存水分

抗旱植物这个主题经常会出现在媒体报道中：支持转基因植物，或者表示看好传统植物选种的未来发展。如果人们能够发现抗旱基因，那么即使在干旱地区，人们也可以食用这些植物，这样就可以消除饥荒。这种积极乐观的结论其实是一种误解：没有任何植物是可以不依赖水生存的，为了产生生物量，植物必须张开气孔进行大量蒸腾（植物是通过树叶的气孔来蒸腾的），这样才可以释放出二氧化碳，并将从土壤中吸收到的矿物元素蒸发掉。当然，对于非灌溉型耕地、季节性雨水地区以及雨水延迟的地区来说，抗旱植物是很有用的：人们发现，如果植物能够在雨季到来的时候进入休眠是非常有益的，因为休眠是为了更好地复苏。

但是在其他地区，人们最好的选择并非抗旱类植物，而是那些可以获得更高产量的品种：因为那些品种在同样水量的情况下可以生产更多的粮食，这样就可以起到节约水资源的作用。在这些高效植物中，我们发现了 C4 植物，玉米就属于 C4 植物，一直以来它在报道中饱受诋毁，它被认为是浪费水资源的代表作物，此外和它一样的还有甘蔗。那些按照 C4 方式来代谢二氧化碳的植物基本上都生活在干热的气候中。多亏有了负责碳的同化作用的酶（磷酸烯醇式丙酮酸羧化酶对二氧化碳有很强的亲和性），它们可以通过微张气孔吸收掉最少量浓度的二氧化碳，这样可以尽可能少地损耗水分。另一种更节约水分的代谢方式是景天科酶代谢——简称 CAM——有一些旱生植物就是使用这种代谢方式（仙人掌科、景天科、大戟科······），它们只在夜间打开气孔。

未来有一天我们可以用海水灌溉植物

如果人们可以成功用海水灌溉植物的话，那么人类的粮食问题也就迎刃而解了。我们也经常会听说喜盐植物，其中盐角草常常被援引为例。盐角草是一种生长于法国海岸的植物，可以用海水灌溉，也可以像蔬菜一样供人们食用，或者被用作饲料。

盐角草之所以可以用海水灌溉，是因为它的代谢方式可以妨碍常规的渗透方向，经过这个物理过程，水可以穿过细胞膜，从浓度最低的一侧流动到浓度最高的一侧。雨水和灌溉水的盐分浓度总是低于植物细胞的盐分浓度，所以可以从土壤渗透到植物的根部。但是当水发咸，或者变得和海水一样咸的时候，就不再是这样了：所以对于普通植物来说，渗透作用会让植物脱水（这就解释了为什么盐土和缺水问题一样让人们倍感压力）。

盐角草之所以能够在高盐度的环境中生存并生长，其策略就是在细胞中累积对于它来说无毒的可溶解的有机化合物，然而这些有机化合物对于氯离子和钠离子却是有毒的，因为它们可以改变蛋白质的结构。这种策略很有效，但是对于植物来说，它需要消耗很多的能量。

在减少水流失的同时，我们可以把所有节约下来的水用在其他用途上

无论对于灌溉用水还是饮用水来说，节约水

资源最保险的方法就是减少水在运输过程中的流
失，这也是最能直接提高可用水量的方法。但是
对于这种方法我们必须补充一个事实，那就是运
输水网的流失问题会造成一些负面的影响，例如
让干旱地区的含水层上升（然后会使得地下水因
为毛细作用而蒸发，这会导致土地的盐碱化）或
者让一些地区沼泽化。因此节约水资源还可以起
到保护土壤的作用。但是我们不能认为这些局部
节省下来的水"资源"可以用来提高地方上或者
全国统计出的水资源量：我们发现在另一些情况
中，运输水网流失的水会在地下水下游的地方被
重新使用。这种情况下，水的流失更多的是造成
了能源的浪费（因为人们必须用泵送水两次），
而不是水的浪费，因为这些水可以重新回到淡水
的陆地循环中去。

自然界中的我们呢

边境

气候变化

水危机

政治挑战

各个国家和地区在水资源面前是平等的吗

尽管答案很明显，但是这个问题依然值得我们探讨。

　　无论从地理上还是相对于人口密度而言，水资源在地球上的分布是不平等的，这已经是老生常谈了。我们所有人都清楚在人口众多的发展中国家，都存在水资源匮乏的问题。但是，不可否认的是早期人类社会是沿着水的所在而形成的，人们会随着水在时空分布上的多样性而改变自己的居住方式和生活方式。**然而在今天，水资源和人口密度之间的这种联系已经被打破了。**

全世界各国的水资源分布情况

　　为了介绍全球各国的水资源分布情况，首先我们要大概地来估算一下全球的水资源量。为此我们画制了一张地图，地图上国家的大小是和这个国家在理论上拥有的水资源成正比的，这样更具说服力，也更容易表现出我们所估算的数据。

这种地图就是我们所说的变形地图（anamorphose cartographique）。在下图中我们试着绘制出了每个国家所拥有的水资源的变形地图。我们发现，如果用绘制地图的方式表现每个国家理论上的水资源，就只能画出那些源自于本土的河流（该国的国内水资源），否则我们有可能会掉入重复计数的陷阱。尤其是对于那些跨境河流的计算，地方资源和边境资源其实是同一种资源，所以我们不应该将这两者计算两遍：因为边境上游对水的使用会影响该边境下游的资源，而同样地，水是不可以被提取两次的。因此这张地图上画出来的世界各国，是根据理论上的各国国内水资源画出来的。

● 从这张地图中我们可以得出的第一个结论是，几乎所有的干旱大国都在地图上消失了，因为它们的水资源都来自于他国：埃及就是一个

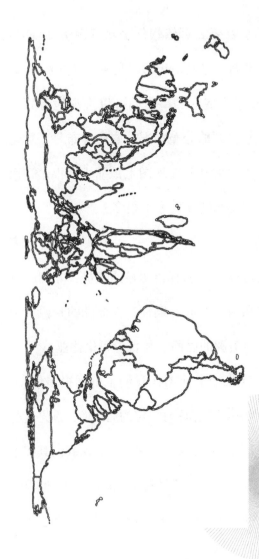

这是我们根据联合国粮食及农业组织的 Aquastat 数据库中提供的数据，制作出的各国国内水资源的变形地图。

例子（几乎百分之百依赖外来水资源），同样情况的还有苏丹、巴基斯坦、叙利亚、伊拉克等国。

● 第二个结论是，我们可以直观地看到地球表面淡水资源的分布情况，它的分布是不均匀的：非洲和澳大利亚在地图上被缩小了很多，而南美洲和中美洲则被放大了很多。

● 在某些洲的内部，一些水域广泛的国家从地图上可以看出来有很明显的优势：非洲的刚果民主共和国，亚洲的缅甸，大洋洲的新西兰和巴布亚，南美洲的巴西、秘鲁、哥伦比亚。

尽管这张变形地图让我们了解到很多信息，但是它所使用的数据库有一定的局限性：首先这些数据是各个国家自己统计出来的，其次我们其实很难区分岛群国家（印度尼西亚和新西兰），也很难区分美国的阿拉斯加州和其他州。最后，在这张地图上我们也没有对比人口，要知道人口的不同会使各国在理论上的人均资源量产生明显的差距：从每年人均少于 100 立方米（马耳他、加沙）到超过一百万立方米（阿拉斯加州、法属圭亚那）不等。

对于同一事实的两种不同看法

现在让我们来看看每个国家关于水资源的官方数据，这些数据来自于联合国粮食及农业组织的 Aquastat 数据库，其中还包含了水资源从一个国家运输到另一个国家的情况，以及国际共享协议。我们从下文的地图可以看出每个国家水资源的分配是不均匀的。因此我们对这张地图可以有两种说明：一种是根据各个国家提供的人均水量（立方米）来排列这些国家（这是传统的表现形式）；另一种情况是按照共享一定水量（例如每年一百万立方米）

的人数来进行排列。这两种排列方式是严格对等的,只是因为对这两种方式的诠释不同而会有差异。一种解释是,水"资源"的分布并不平等(我们想要控诉"这个世界没有被造好"!);另一种解释是人类的分布不够好(更确切的说法是"所有人都不在他应该在的地方"!)。

2010 年,地球上平均每年人均流量达到了 6 300 立方米,换句话就是每年有 160 人共享一百万立方米的流量。这个平均值显然掩盖住了各个国家之间的巨大差异:阿拉斯加州的人均供水量是最多的(每年每一百万立方米的使用者少于一人),而在科威特的人均供给量是最少的(每年每一百万立方米的使用者有 30 万人)。法国本土在 197 个国家中位列第 104 位,每年一百万立方米的使用者有 320 人。

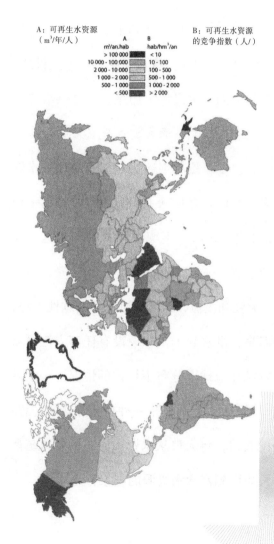

A：可再生水资源
（m³/年/人）

A　　B
m³/an.hab　hab/hm³/an
> 100 000　　< 10
10 000 - 100 000　10 - 100
2 000 - 10 000　100 - 500
1 000 - 2 000　500 - 1 000
500 - 1 000　1 000 - 2 000
< 500　> 2 000

B：可再生水资源
的竞争指数（人/）

这是根据水的可使用情况绘制的国家分布图。有两种可能的对等的说明：人均可使用量（可使用量/年/人）或者人们对同等可使用量的竞争（可使用量/m³/年）。

　　在这些数据中我们只看到了分析的方法，每个国家都有自己的历史，有自己的经济发展模式，都是特有的个例。可以肯定的是，这种供给方式表现出了水的多样性，而人类社会必须要适应这种多样性。但是自然界中还有其他资源也如水资源一般多变，而且在地球上的分布也一样不平均（气候和日照，入海，土壤和可耕种的土地，丰富的矿物资源……）。例如有高山和平原，沼泽和沙漠，大江和溪流，泛滥的河水和间歇性干河，冰川和温泉，洪水和干旱……没有任何方法可以改变水资源在地球上分布不均匀的情况……或者更确切地说，人们有的只是一种乌托邦式的幻想：重新分配人口，将人口从水资源匮乏的国家疏散出来，再集中到富含水资源的国家！

水资源在法国的分布情况

下面的图表给出了法国本土公认的六大雨水丰沛流域的流量情况（在雨量正常的年份）。

法国在雨量正常年份的流量情况

		降雨量*	源自于国内的流量（包括地表和地下的）**		净流入量（从邻国流入）	净流出量（流向邻国）
		km³/年	km³/年	km³/年/人	km³/年	km³/年
1	阿尔图瓦－皮卡底	16	5	1 000	0.3	2
2	莱茵－莫斯	31	11	2 700	2	14
3	塞纳河-诺曼底	78	23	1 300	ε	0
4	卢瓦河-布列塔尼	133	43	3 500	0	0
5	阿杜尔-加龙河	118	49	6 600	1	0
6	罗讷河-地中海	130	57	4 100	8***	2
	科西嘉	8	4	12 700	0	0
	法国	514	193	3 200	11	18

*1981 — 2010;

**数据来源：2014年法国农业与环境科技研究所（Irstea）提供；

***罗讷河在法国入口处的流量（每年11立方千米）还包含事先从法国流出的一部分水（阿尔沃河和日内瓦湖的南部支流），所以并没有将其计算到净流入量中。

　　大体上来说，从人口的角度来看，这些流域的水资源配备很丰富（尽管更为详细的地理形势必定会衬托出地区间资源分配更为明显的不平等）。但是，在塞纳河-诺曼底流域的巴黎居民比重较大，阿尔图瓦-皮卡底流域的人口密度也很大，因此这两个流域的人均资源量分别为每人每年 1 300 立方米和 1 000 立方米。幸运的是，在这两个流域的灌溉需求并不很大，所以至少在雨量正常的年份这些降水量对人们来说就足够了。相反，阿杜尔-加龙河流域的人均资源量是除去人口众多的科西嘉之后最高的，由于夏天的时候灌溉需求量很大，所以该流域的人均资源量在夏天经常会出现紧张的情况。我们还需要注意到的是法国的地中海地区虽然人口密度大，但是却不用为水资源担心，因为从某种程度上来说是

"罗讷河"流域"救"了它。罗讷河（因为它的支流迪朗斯河）贡献良多，它确保了该地区庞大的资源总量。

最后一点：法国很幸运，因为它需要依赖邻国的地方很少（只有少于 6% 的水流量是来自于境外的）。我们还会在后文中再来探讨这个观点。

分享水资源：
一种国际视野

无论人们是怎么想的，江河大川是没有边界可言的……

我们从上面的表格发现法国"流入"也"流出"了许多水。全世界有很多国家都有这样的情况，现在我们打算仔细研究一下几个较大流域的这种情况，在这些流域的河流都横穿了多国的政治边境，也就是说这些国家一起分享了同一水资源。但是分享得并不明显：一方面，上游国家开采量的增加有可能会导致下游国家国内水资源的减少，如果这些资源大部分都在边境外的话，那么国内水资源甚至有可能会变得匮乏（参考埃及，叙利亚等国）；另一方面，当这些流出量在该国国内和国外流量中占据了很大一部分时，如果经约定保留了上游国家的流出量，这会导致该国"可使用"资源的减少（参考苏丹、马里）。因此我们必须估算每个国家真正可以使用的部分以及跨境流量，因为这对缺水情况的分析来说是不可或缺的。

现在我们来研究一下底格里斯河-幼发拉底河流域（这里曾是 4 500 年前古代文明的摇篮）、尼罗河（该流域气候和政治因素都十分复杂）和印度河（它也是唯——条三个核能大国共享的河流）的情况。

底格里斯河和幼发拉底河流域

底格里斯河流域和幼发拉底河流域的反差特别强烈：这两条河主要都起源于土耳其的亚美尼亚高原（幼发拉底河的 89%，底格里斯河的 45%）。**下游的阿拉伯国家（叙利亚和伊拉克都需要用这片流域的水来灌溉）**，伊拉克有超过 50% 的水资源需要依赖邻国，而叙利亚则有超过 80% 的水资源来自于邻国。

下表为幼发拉底河对于沿岸各个国家在以下两方面的影响：流域面积和水流量。

	流域面积	水流量
土耳其	28%	89%
叙利亚	17%	11%
伊拉克	40%	ε
沙特阿拉伯	15%	ε
约旦	ε	ε
共计	443 000平方千米	32 立方千米/年

从 1977 年开始，用水压力就在不断增加，于是土耳其实施了东南安纳托利亚开发计划（缩写 GAP，预计建立 22 个水坝，其中有 9 个已经于 2009 年竣工），总存储量达到 1 100 亿立方米数量级，相当于幼发拉底河 4 年的流量（幼发拉底河流入叙利亚的平均流量为 270 亿立方米）。

这个计划的目的除了存储水资源并且进行

水力发电以外（水力发电并不会损耗水，只会因
为蓄水表面的蒸发而间接消耗掉一些水分），还
有一个充满野心的目标，那就是发展灌溉业（灌
溉会消耗掉很多水）：土耳其计划灌溉18万公顷
的农田。长远来说，幼发拉底河流入叙利亚的流
量可能会减少超过一半的流量（每年110亿立方
米），而底格里斯河流入伊拉克的流量有可能会
减少到只有自然流量（每年210亿立方米）的三
分之一（每年60亿立方米）。

尼罗河

"埃及是尼罗河的馈赠"，希罗多德（Hérodote,
古希腊历史学家）的这句名言足以彰显尼罗河的
重要性,埃及有77%的水资源源自于尼罗河。今天,
埃及拥有超过8 300万人口。在埃及有超过一半

的食品供应依赖于进口，剩下的部分则需要依靠用尼罗河水灌溉将近 550 万公顷的农田生产得来。

尼罗河是一条水文极其复杂的河流，因为它很长而且它所流经的地域气候极其多变。**一方面，尼罗河并不只有一条，有两条**：白尼罗河和青尼罗河。另一方面，在尼罗河的水文中还有很多不明的阴影地带：所以直到现在我们还很难准确地"圈出"该流域的水资产。白尼罗河起源于赤道的南部：在自南向北的旅途中，白尼罗河时而变成庞大的湖泊，时而形成广袤的沼泽，这影响了它的流量，有的时候甚至减少了很大一部分的流量。当然这些损失还需要以当年的降雨量以及尼罗河自身的流量为依据，所以要想准确地估计这些损失是很困难的。其中最著名的就是南苏丹的苏德沼泽，它造成白尼罗河流量的大幅度锐减（将近有一半的流量因为蒸发而被损耗掉）。但是在上游地带，尼罗河流经阿尔伯特湖时损耗了50亿立方米的水量。在更为上游的地域，维多利亚湖和阿尔伯特湖之间有一个基奥加湖，根据年份的不同，有时湖水会因为蒸发而有所损耗，或者有时恰恰相反，湖水没有损耗而是直接流走了。青尼罗河源自埃塞俄比亚的山脉，在那里降雨情况非常不规律，而且有着明显的季节性，所以在相应的季节，水量会变得十分丰沛，由此才有了远近闻名的洪水期。千百年来，为了避免洪水的侵害，人们只得加快农活的节奏。但是从1971年开始，尼罗河洪水不再泛滥，这多亏了埃及建造的阿斯旺水坝，它可以完全调控下游的流量。

从1959年开始，埃及和苏丹之间签订了共享尼罗河水的条约：尼罗河水平均每年总流量约有 840 亿立方米，条约中将 555 亿立方米划拨给了埃及，185 亿立方米分给了苏丹，每年还会预留 100 亿立方米用来弥补阿斯旺水坝蒸发所带来的损耗。

现在埃及仍然十分担忧边境上游地区灌溉业的发展。在 2010 年，埃塞俄比亚拥有 8 700 万人口，到 2025 年预计人口总数会达到一亿两千万。根据共享条约，两国共享大约 85% 的尼罗河水，但是埃及的灌溉业并不十分发达（据统计，现在只有少于 5% 的可灌溉土地真正地得到了灌溉：也就是说三百万到四百万公顷的可灌溉土地中只有 30 万公顷得到了灌溉）。而埃塞俄比亚灌溉业的发展有可能会不可避免地减少流入埃及的流量，并且现在两国关系十分紧张：埃及认为这个曾经从属于不列颠帝国的国家现在仍和前殖民国有所关联，因为他们之间签署过协议书……因此埃塞俄比亚被排除在了 1959 年的共享条约之外。但是尼罗河水的使用现状在中期似乎难以维持下去。没有人知道将来会发生什么，我们所知道的只是，在和以色列和平共处后，埃及总统萨达特曾声称"唯一有可能将埃及再次推入战争深渊的"是水资源。

印度河

印度和巴基斯坦在 1947 年分裂，代价十分惨烈（造成了一百万人员的死伤）。而两国的分裂也打断了该流域的连续性：印度占领了印度河上游流域、它的支流以及一部分被灌溉的旁遮普邦。而巴基斯坦则占领了旁遮普邦和印度河的下游流域。在印度和巴基斯坦的第一次战争时期（1947—1948），印度毫不犹豫地利用上游优势，通过减少萨特莱杰河的流量来打击巴基斯坦旁遮普邦的农业生产。1965年印度再次利用了这个地理优势：因此在印度和巴基斯坦之间，水才是真正的武器。

印度河流域的覆盖面积超过90万平方千米，在各国之间的分布情况如下：巴基斯坦（56%），印度（26%），中国（10%）和阿富汗（8%）。巴基斯坦的流量为每年223立方千米，而其中只有52立方千米来源于境内，这就意味着它有76%的水资源都依赖于喜马拉雅山脉（中国和印度）的水资源，通过克什米尔（印度的一个省，大部分人口为伊斯兰教徒，被巴基斯坦要求收回。现在南北分裂，分别纳入印度和巴基斯坦的领土范围）将这些水资源引进巴基斯坦。

尽管有武装斗争，世界银行在 1969 年还是成功商定了印度河水条约。该条约将"所有的"河流都分配给两国：印度河上游和两条西部的河流（杰赫勒姆河和杰纳布河）被划拨给了巴基斯坦，而东部的三条河流（拉维河、萨特莱杰河和比亚斯河）则属于印度。从流量上来讲，20% 的流量供给印度，剩余的 80% 属于巴基斯坦。因为西部的河流是属于巴基斯坦的，所以印度尽量不在那里进行蓄水工程，除非这些工程不会提取水（除了水力发电水坝）或者这些水是供人们饮用的。此外，为了弥补东部河流流量的减少，巴基斯坦在西部河流中预留出了一部分水资源，并从这里开凿补给水渠，涉及的相关经费都由世界银行提供。多亏了条约极其简单明了，印度河水

共享条约可以在经历了五十年的紧张局势和三次

战争之后仍然幸免于难。

水资源是否
面临着威胁

人口的剧增，气候的变化……为了防止缺水问题，怎样才能预测缺水的风险呢？

人口增长所带来的变化

人口的增长无疑是让水资源变得相对贫乏的主要威胁之一。这是一个非常简单的运算——但是太过笼统——将世界平均水流量总量（也就是总计每年 44 000 立方千米）与全球的人口联系起来，从统计中我们看到人均水量已经从 1970 年的每人 12 900 立方米，到 1995 年变成了每人 7 700 立方米，再到 2011 年每人只有 6 200 立方米。我们用多少人分享同一水资源的方式来统计的话，就是 1970 年 78 人分享 100 万立方米的水资源；1995 年，同体积的水资源需供 130 人共享；到了 2011 年则有 160 人共享。到 2050 年，有可能每人只能拥有 5 000 立方米的水量（200 人共享 100 万立方米的水资源）。当然，由于人口众多，

水资源分布又十分多样，这个全球性的数据只能

起到说明的作用。

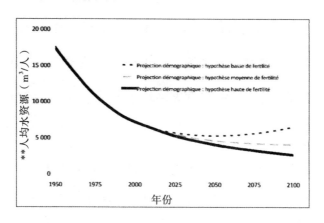

但是很明显在二十世纪末，水资源已经在所

有国家都变成一个十分尖锐的问题，特别是因为

干旱国家的人口相较气候温和湿润的国家要增长

得更快，所以这个情况还在不断恶化。

此外，我们刚才援引的数据只与河流和地下

水有关。但是就像我们已经强调的那样，并不是

所有的水流都可以被称为是一种资源。可流动的

水流（被调节的水流）只是全部水流中的一部分，要提高它的比例是很困难的：因此我们必须通过建造补给蓄水坝来提高蓄水量。**于是我们在绝佳的地理位置建造蓄水坝，同时使用最靠近用水地点的河流：**因为仍然可使用的水资源的流动成本变得越来越高。

我们也不应该忘记，在所有的发展中国家，人口的增加往往还伴随着污染的加剧，而污染会导致真正可使用资源的减少：如果我们稀释废弃污水时并没有进行预先净化的话，这其实是一种对河水的就地使用……这会限制住很大一部分的流量，使得它们不能成为可流动水资源供人们移地使用。

最后，提取的增加必然会让共享同一资源的国家之间的关系紧张起来：我们在上面已经详述了尼罗河、底格里斯河、幼发拉底河和印度河的例子。

气候的变化会不会改变水资源呢？

尽管气候变暖在今天已经是不可争辩的事实，但是对于气候变暖会不会对水资源产生任何明确的影响，目前我们还不是很清楚：从气候变暖到雨水的改变，再到河流的流动方向，因果关联并不是那么简单的事情。尽管我们正在进行很多研究，但是我们仍然很难预测气候的变暖会怎样影响水流：所有的预测都侧重于可能的全球化趋势，但是对于地理方面以及这些变化何时会必然发生的预测仍然很模糊。尽管如此，我们还是一致得出了以下预测：

● 干旱地区和潮湿地区之间的反差会变得越来越强烈，但是不会很大地颠覆世界气候地图：因为干旱地区的水资源本来就是最为匮乏的，所以在该地区水资源减少的可能性也是最大的。

● 年与年之间和各个季节之间的多变性也变得越来越广泛：人们担心即使干旱年份的平均雨量仍然相当，但是湿润年份会变得越来越频繁，或者担心冬季的雨量比夏季更多，这种与日俱增的多样性让水流的可用性变得越来越少。

从 2010 年到 2012 年，所有的法国水文学家都参与了 2070 计划的探索，致力于研究未来到 2070 年，气候变化可能带来的影响，并预测气候变化可能带来的挑战。他们将人们可能面临的风险进行分级，并制定相应的应对措施 / 战略，尽量将风险最小化以应对这些挑战。

对于一些大型的河流，我们可以预测到的是流量的减少：罗讷河的年平均流量预计会下降8%~36%，从每年53立方千米有可能会减少到每年33~49立方千米。这种预测的趋势是适用于全球大陆的，阿杜尔河流域和加龙河流域的这种趋势最为明显（减少40%~50%的流量），塞纳河流域的减少趋势也十分明显（减少30%~50%的流量）。即使在枯水期，流量也呈减少的趋势：塞纳河流域减少30%~50%，加龙河流域减少30%~50%。我们并没有预测到值得人们注意的涨水趋势（我们所预测到的减少幅度甚至不是轻微的减少）。

是否有可能出现灾害情况？

人们之所以要预测缺水危机是为了可以提前预防缺水问题，预测缺水危机的首要依据就是要预测人们在未来水的使用和需要。**在过去，对于未来计划的预测（例如对于 2000 年的预测在今天我们正好可以进行核实）高估的情况要比低估的情况更为普遍**：图表中以美国为例，我们发现在 1980 年后，预测和现实情况发生了严重的分歧。

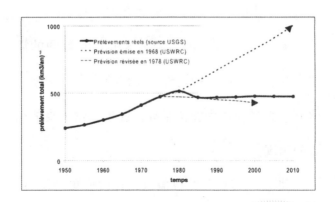

该图向我们展示了人们预估了从 1950 年开始美国淡水资源的提取情况，我们也可以从图表中发现现实情况和预测情况的不一致。

在未来的研究中，这种高估的现象似乎也

十分普遍。我们可以用以下两种理由来解释这个现象：

● 一方面，人们的研究并不总是中立的：当研究结果是用来为大量的投资进行辩护的时候（水坝、运河、供水网），这巨大的诱惑让想要参与这些工程的公司鼓励研究者夸大这些数据。

● 另一方面，因为未来人们对水资源的需求存在着很大的不确定性，所以研究人员必须在研究中大量地使用安全系数，这也导致了高估现象的出现。

即使"虚高"的数值可以让政府更为敏感，促使当局在适当的时候为未来做好准备，也可以更好地为公众敲响警钟，但我们还是应该制止过多的毫无依据的危言耸听，也不能用错方法。我们经常会在未来延长过去的增长趋势，由于增长的幅度比较大以至于这种延长的趋势更为明显。这忽视了人们的适应能力和创新能力，但是多亏这些能力，我们能够在上述图表中发现这种趋势与现实情况产生了分歧……也正因为人们有这些能力，我们可以期望未来到 2050 年人们能够承担起满足 90 亿人口需求的这一挑战。

结论

缺水危机并不是全球性的一个问题：的确是这样，但是缺水危机涉及的国家和地区都遇到了同样的困境，水资源十分稀少，但是人们的需求却十分高涨而且还在呈上涨趋势，此外对于水资源的使用量已经和可循环资源量达到了同一个数量级（有的时候甚至超过了这个数量级）。而且在这些地区，水资源和需求之间的不平衡变得越来越广泛：

● 一方面，因为人口的增长和经济的发展使得人们对水资源的需求也相应增长；

● 另一方面，因为水资源有可能会减少。污染和水控设备的故障毁坏（例如蓄水池的淤塞），以及从更长远来看的气候变化，这些都可能会造成水资源的减少。

尽管缺水危机并不是一个全球性的问题，但是它的影响已经蔓延到了全世界的大部分地区，因此它对于全世界来说都是一个非常重要的问题。然而这也不表示在未来，缺水是一个既定的宿命，也不意味任何的"水危机"都是不可避免的。缺水危机与其说是一种自然行为，不如说是一种人类行为。问题出在管理上：解决方法是存在的，我们在这本书里已经提到了这些解决方法。面对缺水问题，每个国家都有属于自己的最佳解决方案。但是我们所提到的措施想要获得成功就必须获得真正的政策支持，同时我们必须深谋远虑，这样才可以更好地预测用水需求在未来的发展，同时预测某些非可持续供给水源是否会枯竭。

专业用语汇编

1. 含水层（Aquifère）

字面意思是"水的搬运工"：指的是多孔性的地质层，让水得以流通和储存。

2. 流域（Bassin versant）

一条河流所形成的供给地带。

3. 水循环（Cycle de l'eau）

概括描述了水在水圈的不同组成部分之间的运动变化，水圈由以下几个部分构成：海洋、大气、冰川、江河、湖泊和地下水。

4. 保留流量（Débit réservé）

保留流量指的是一条河流为了保障除了正常取用和分流以外的其他使用所必须预留出来的最小流量。除了经济使用外，保留流量也需要考虑到水生生态系统的保护和可持续性。当法国为了管理水力发电作业而第一次制定了相关法律条文时，就出现了"保留流量"这个概念：其中对其的描述是，在自然河床中保留出介于水的取用和恢复发电站下游的水资源之间的最小流量，之所以要保留出这一部分流量，其目的是应对与渔业和养鱼品种繁殖相关的问题。

5. 地表水/地下水（Eaux de surface/eaux souterraines）

水循环是没有边界的：水从大气层降水到土地中，从地下含水层流动到河流中。因此地表水和地下水的区别只与我们提取到水的地理位置有关，和水的移动过程没有关系。

6. 径流模数（Module de l'écoulement）

一条河流的长期平均流量（理论上三十年的流量）。

7. 提取/消耗（Prélèvement/consommation）

人们想要使用水，通常都需要提取（prélèvement），我们用提取的方式从自然界中取水。取出的水中有一部分蒸发掉了，剩下的回到自然界，这些回归到自然界的水可以供其他使用。当人们想要计算提取量时，我们有必要区分出短期内因为蒸发而损失掉的部分，我们将这一部分称为"损耗"（consommation）。

8. 水资源（Ressource en eau）

一位使用者或者所有使用者为了满足自身的需求而使用或者能够使用的水。传统的水资源指的是对人们有用而且人们可能使用的自然水。水资源：

● 或者是可循环的，例如全球水循环的各个分支，它们可以用流量（flux，单位时间内的流动量）来表示；

● 或者是不可循环的，例如在自然界中的储藏或者储备，用体积（volume）来表示。

图书在版编目（CIP）数据

我们到底会不会缺水 / (法)瓦茨冈·安德烈阿西昂，(法)让·马尔佳著；华淼译 . 一上海：上海科学技术文献出版社，2016
（知识的大苹果＋小苹果丛书）
ISBN 978-7-5439-7185-1

Ⅰ．① 我… Ⅱ．①瓦…②让…③华… Ⅲ．①水资源—普及读物 Ⅳ．① TV211-49

中国版本图书馆 CIP 数据核字（2016）第 199923 号

Allons-nous manquer d'eau ? by Vazken Andreassian & Jean Margat
© Editions Le Pommier - Paris, 2014
Current Chinese translation rights arranged through Divas International, Paris
巴黎迪法国际版权代理（www.divas-books.com）

Copyright in the Chinese language translation (Simplified character rights only) ©
2016 Shanghai Scientific & Technological Literature Press

All Rights Reserved
版权所有·翻印必究

图字：09-2015-808

责任编辑：张 树 王倍倍 封面设计：钱 祯

丛书名：知识的大苹果＋小苹果丛书
书 名：我们到底会不会缺水
[法]瓦茨冈·安德烈阿西昂 让·马尔佳 著 华 淼 译
出版发行：上海科学技术文献出版社
地 址：上海市长乐路 746 号
邮政编码：200040
经 销：全国新华书店
印 刷：昆山市亭林彩印厂有限公司
开 本：787×1092 1/32
印 张：3.875
版 次：2017 年 1 月第 1 版 2017 年 1 月第 1 次印刷
书 号：ISBN 978-7-5439-7185-1
定 价：18.00 元
http://www.sstlp.com